BEI GRIN MACHT SICH IHR WISSEN BEZAHLT

Antje Hupka

Unterrichtsstunde: Wo wohnen die Schülerinnen und Schüler meiner Klasse? Bestimmen von Standorten auf einer Karte unter Nutzung bekannter Orientierungshilfen

Unterrichtsentwurf zur Einführung in das Kartenverständis

GRIN Verlag

Bibliografische Information der Deutschen Nationalbibliothek:

Die Deutsche Bibliothek verzeichnet diese Publikation in der Deutschen National-
bibliografie; detaillierte bibliografische Daten sind im Internet über http://dnb.d-
nb.de/ abrufbar.

Impressum:

Copyright © 2008 GRIN Verlag GmbH
Druck und Bindung: Books on Demand GmbH, Norderstedt Germany
ISBN: 978-3-640-30143-0

Dieses Buch bei GRIN:

http://www.grin.com/de/e-book/121859/unterrichtsstunde-wo-wohnen-die-schue-
lerinnen-und-schueler-meiner-klasse

GRIN - Your knowledge has value

Der GRIN Verlag publiziert seit 1998 wissenschaftliche Arbeiten von Studenten, Hochschullehrern und anderen Akademikern als eBook und gedrucktes Buch. Die Verlagswebsite www.grin.com ist die ideale Plattform zur Veröffentlichung von Hausarbeiten, Abschlussarbeiten, wissenschaftlichen Aufsätzen, Dissertationen und Fachbüchern.

Besuchen Sie uns im Internet:

http://www.grin.com/

http://www.facebook.com/grincom

http://www.twitter.com/grin_com

A. H.

Anwärterin des Lehramts für Sonderpädagogik

Studienseminar Osnabrück

für das Lehramt für Sonderpädagogik

Unterrichtsentwurf

für einen besonderen Unterrichtsbesuch gemäß den

Durchführungsbestimmungen zu §9.4 PVO-Lehr II

Ausbildungsschule:

Fach:	Erdkunde
Datum:	18.11.2008
Zeit:	10.15 – 11.00 Uhr, 4. Unterrichtstunde
Klasse:	*Kooperationsklasse* 5

PS- Seminarleiterin:

Fachseminarleiterin:

Klassenlehrer/in:

Thema der Stunde: *Wo wohnen die Schülerinnen und Schüler meiner Klasse?* – Bestimmen von Standorten auf einer Karte unter Nutzung bekannter Orientierungshilfen

Inhaltsverzeichnis

1. Analyse des Bedingungsfeldes

1.1. Zur Situation der Klassen

Im Rahmen des betreuten Unterrichts werden die Schülerinnen und Schüler der Klasse 5a von mir zweimal wöchentlich und im gemeinsamen Unterricht mit der 5b mit Unterstützung der Klassenlehrerin Frau St. unterrichtet. Hierbei wechselt die Gruppenzusammensetzung je nach thematischen und didaktisch- methodischen Bedingungen.

Die Klasse 5a besteht aus zehn Kindern- drei Mädchen und sieben Jungen- im Alter zwischen 12; 3 (**E.**) und 10; 9 Jahren (**O.**). Alle Kinder der Klasse werden in dieser Zusammensetzung seit Schuljahresbeginn in der Kooperationsklasse der T.W.S mit der Hauptschule beschult. Der Klassenraum befindet sich in den Räumlichkeiten der Hauptschule.

1.2. Zur Situation der Lerngruppe

Aufgrund des thematischen Schwerpunktes (vgl. 3.) der Unterrichtsstunde bietet sich für die vorliegende Stunde eine getrennte Unterrichtung beider Klassen an (vgl. 7). Im Folgenden werden daher ausschließlich Angaben zu den Schülerinnen und Schülern der Klasse 5a erfolgen.

1.2.1. Lern- und Arbeitsverhalten

Die Schülerinnen und Schüler der Klasse 5a arbeiten weitgehend engagiert im Erdkundeunterricht mit. Aufgrund der starken Handlungsorientierung zu Beginn der Einheit waren die Schülerinnen und Schüler interessiert und bemüht sich aktiv mit dem Unterrichtsgegenstand auseinanderzusetzen.

S. ist eine einfach zu motivierende, lernwillige Schülerin. Sie ist in der Lage, zügig und gewissenhaft zu arbeiten und Arbeitsabläufe selbstständig zu organisieren. **S.** beteiligt sich aktiv durch mündliche Beiträge am Unterricht.

St. zeichnet sich ebenfalls durch eine hohe Lernmotivation, ein hohes Arbeitstempo und eine sorgfältige, selbstständige Bearbeitung von Aufgaben aus. Sie muss verstärkt auf eine durchgehende mündliche Beteiligung hingewiesen werden.

B. hat ihre Stärken in der fachlichen Auseinandersetzung mit dem Unterrichtsgegenstand. Sie ist im Vergleich zu den o. g. Mitschülerinnen weniger motiviert den Unterricht durch eine aktive Mitarbeit zu bereichern. **B.** hält sich in gemeinsamen Situationen wie Partner- oder Gruppenarbeit noch sehr zurück. (vgl. 5 *„Konsequenzen für den Unterricht"* und 7.)

3

M. ist in der Lage, Arbeitsaufträge selbstständig und zügig zu bearbeiten. Er beteiligt sich mündlich zu wenig am Unterricht.

M. ist ein arbeitswilliger Schüler. Neue und wenig strukturierte Situationen bereiten ihm Schwierigkeiten. Er ist dann unsicher und leicht ablenkbar.

O. ist in handlungsorientierten Unterrichtssituationen schnell zu begeistern, wenngleich ihm ein ausdauerndes Bearbeiten des Arbeitsauftrages schwer fällt.

O. und M. benötigen Hilfe bei der Handlungsplanung und einem zügigen Beginn mit der Bearbeitung von Arbeitsaufträgen. Ihr Arbeitsverhalten ist durch ein deutlich langsameres Arbeitstempo im Vergleich zu ihren Klassenkameraden gekennzeichnet.

E. arbeitet interessiert und aktiv am Erdkundeunterricht mit. Er beteiligt sich häufig durch mündliche Mitarbeit am Unterricht. Über einen längeren Zeitraum ausdauernd und konzentriert einen Arbeitsauftrag zu bearbeiten, fällt ihm vor allem in offenen Lernsituationen schwer.

M. zeigt großes Interesse an erdkundlichen Themen. Er ist in der Lage Arbeitsaufträge zügig und gewissenhaft zu bearbeiten. Er ist meist motiviert, beteiligt sich aber noch zu wenig mündlich.

D. hat ein großes Allgemeinwissen. Er beteiligt sich selten aktiv am Unterricht. Arbeitsaufträge selbstständig zu bearbeiten und sich über einen längeren Zeitraum zu konzentrieren, bereiten ihm Schwierigkeiten.

E., M. und **D.** versuchen gelegentlich das Unterrichtsgeschehen im Plenum und in Arbeitsgruppen zu dominieren. Sich an Melde- und Gesprächsregeln zu halten fällt ihnen noch schwer.

B. ist ein sehr motivierter und sozial eingestellter Schüler, der sich sowohl in Partner- und Gruppenarbeiten aber auch im Plenum bereitwillig beteiligt. **B.** ist sehr interessiert, zeigt aber deutlich fachliche Schwächen im Vergleich zu seinen Mitschülerinnen und Mitschülern.

Während der Arbeit in Arbeitsgruppen arbeiten die Schülerinnen und Schüler meist motiviert und konzentriert. Zunehmend gelingen ihnen die Aufteilung der Arbeit und die Absprache über die Vorgehensweise bei der gemeinsamen Bearbeitung der Aufgaben gut. Bisher war eine hohe Motivation bei allen Schülern zu beobachten. Die Schülerinnen und Schüler sind für Themen mit einem deutlichen Erfahrungsweltbezug leicht zu begeistern (vgl. 3.3).

1.2.2. Sozial- und Kommunikationsverhalten

Die Klasse formiert sich zunehmend zu einer Gemeinschaft. Die Schülerinnen und Schüler haben untereinander einen zumeist freundlichen Umgang. Es gibt keine Außenseiter.

Die mündlichen Beiträge von **S.**, **St. und M.** setzen oftmals neue Impulse und bringen das Unterrichtsgeschehen voran. Auch **E.** kann den Unterricht durch kreative Beiträge bereichern, wenngleich seine Zwischenrufe sich auch störend auf den Unterricht auswirken können. **E.** Beiträge sind nicht immer sachangemessen. **D.** Beiträge entsprechen nicht immer der Fragestellung. **M., D. und E.** haben Schwierigkeiten, mündlichen Erklärungen der Lehrkraft zu folgen und Informationen zu entnehmen. **S. und M.** haben Schwierigkeiten, eigene mündliche Beiträge strukturiert und präzise zu formulieren. **M. und B.** Kommunikationsverhalten ist durch agrammatische Strukturen gekennzeichnet. **B.** spricht in Ein- oder Zwei- Wortsätzen und hat Schwierigkeiten bei der Entnahme von Arbeitsanweisungen aus schriftlichen Arbeitsaufträgen.

2. Sachanalyse

In der vorliegenden Stunde sollen sich die Schülerinnen und Schüler auf Karten (Stadtplänen) des Heimatraumes anhand ausgewählter Kartenzeichen orientieren und die Planquadrate der Wohnorte[1] der Mitschülerinnen und Mitschüler bestimmen. Somit wird hier die Karte selbst als „Orientierungshilfe" zur Lokalisation von Standorten herangezogen. Die Begegnung mit dem Heimatraum erfolgt auf symbolischer und ikonischer Ebene(Lesen der Karte) und nicht durch eine Realbegegnung mit dem entsprechenden Raum. Als Hilfe zur Orientierung und räumlichen Gliederung, aber auch als Informationsquelle ist die Karte ein zentrales Medium des Erdkundeunterrichts.[2] Die Kartenzeichen helfen dem Kartenleser sich eine räumliche Übersicht zu verschaffen. Grundregel bei der Kartenarbeit ist die Vermittlung der Einsicht, dass eine Karte mit Hilfe von Planquadraten und Kartenzeichen[3], also ikonischen und symbolischen Darstellungen, gelesen wird.

Planquadrate: Die Lokalisation von Objekten verlangt den Schülerinnen und Schülern mathematisch- logisches Denken ab. Die Aufteilung einer Karte in Planquadrate dient der systematischen Einteilung in Teilabschnitte. Sie können durch eine vertikale (1, 2, 3, etc.)

---

[1] Unter dem Begriff „Wohnort" wird üblicher Weise der Ort verstanden, an dem eine Person wohnhaft ist. In der vorliegenden Stunde wird unter Wohnort nicht nur der Heimatort im Allgemeinen, sondern der Wohnsitz einer Person verstanden. Von einer Verwendung abstrakter Begriffe wird abgesehen, da sie nicht dem Sprachgebrauch der Schülerinnen und Schüler entsprechen. Es wird deutlich darauf hingewiesen, dass in der vorliegenden Stunde nicht nur der Heimatort, sondern der Wohnsitz möglichst präzise bestimmt werden soll.
[2] GLÖCKEL/ ENGELHART(1977), S.160
[3] SCHALLHORN(2007), S. 99

und horizontale (A, B, C, usw.) Nummerierung eindeutig identifiziert und zugeordnet werden. Hier wird die Bedeutung des mathematisch- logischen Denkens ersichtlich: Es ist nicht nur im engeren Sinne die Zuordnung von Inhalten in ein Planquadrat relevant, sondern im weiteren Sinne auch der Umgang mit tabellarischen Rastern allgemein.[4]

Kartenzeichen: Gemeint sind hiermit ikonische und symbolische Darstellungen von topografischen Informationen auf Karten. Viele Kartenzeichen sind inhaltlich eindeutig zu erfassen. Der Raum kann durch Berücksichtigung bekannter ikonischer und einfacher symbolischer Darstellungen von Objekten, die durch Farben leicht voneinander unterschieden werden können, gegliedert werden. *„Die Decodierung dieser Zeichen [...] erhält damit in der Erdkunde einen Stellenwert, der mit dem Lesen von Schrift durchaus verglichen werden darf."*[5]

Eine Karte bietet durch ihr Zeichensystem eine Fülle (und Genauigkeit) von Informationen, die es zu strukturieren gilt. Daher müssen die Schülerinnen und Schüler durch *Plan- Leseübungen* mit dieser Wirklichkeitsdarstellung vertraut gemacht werden.[6] Wer die entsprechenden ausgewählten Kartenzeichen nicht deuten kann, kann diesen Plan nicht „lesen". Somit kommt der Vermittlung des Bedeutungsgehalts häufig vorkommender Kartenzeichen (Farben, ikonisch und symbolische Darstellungen) bei der Einführung in das Kartenverständnis eine hohe Bedeutung zu.[7]

3. Thematik

3.1. Thema der Unterrichtseinheit

Von der Wirklichkeit zur Karte- Einführung in das Kartenverständnis

3.2. Thema der Unterrichtsstunde

Wo wohnen die Schülerinnen und Schüler meiner Klasse? – Bestimmen von Standorten auf einer Karte unter Nutzung bekannter Orientierungshilfen

3.3. Themenschwerpunkte der Unterrichtseinheit

Wir erstellen einen Plan des Klassenzimmers- Grundrissdarstellung und Perspektivenwechsel
Mein Kinderzimmer im Schuhkarton – Einsicht in die Problematik „Verebnung" durch den Bau eines Modells
Ein Besuch im Zoo bzw. auf dem Bauernhof- Erdbild/ Schrägbild/ Senkrechtbild

[4] BAIREUTHER(2000), S. 119
[5] GLÖCKEL/ ENGELHART(1977), S. 168
[6] MAYER (1977), S. 32
[7] WILL (1977), S. 102

Der Zoo bzw. Bauernhof von oben- Vom Modell über das Senkrechtbild zur Karte
Unser Heimatort I- Einführung in symbolische und ikonische Darstellungen für die Orientierung auf einfachen topografischen Karten
Unser Heimatort II- Einführung von Planquadraten für die Orientierung auf einfachen topografischen Karten
Wo wohnen die Schülerinnen und Schüler meiner Klasse? – Bestimmung von Standorten auf einer Karte unter Nutzung bekannter Orientierungshilfen
Wir orientieren uns anhand einer topografischen Karte- Unterrichtsgang im schulnahen Raum
Wir orientieren uns mit Hilfe von Windrose und Kompass- Die Himmelsrichtungen
Landschaftsanalyse anhand einer topografischen Karte
Wie kommt der Berg auf die Karte? - Höhenlinien und Höhendarstellungen

4. Kompetenzen

4.1. Kernkompetenzen der Unterrichtseinheit

Die Schülerinnen und Schüler kennen grobtopografische Merkmale auf Karten und nutzen diese zur Orientierung.[8]

4.2. Teilkompetenzen der Unterrichtsstunde

Die Schülerinnen und Schüler bestimmen einen Standort auf einer Karte durch die Nutzung bekannter Orientierungshilfen.

4.2.1. Inhaltsbezogene Teilkompetenzen

Die Schülerinnen und Schüler bestimmen den Wohnort ihrer Mitschüler unter Dekodierung von Kartenzeichen.

4.2.2. Prozessbezogene Teilkompetenzen

Die Schülerinnen und Schüler

- nutzen die bekannten Kartenzeichen zur Bestimmung des Wohnorts ihrer Mitschülerinnen und Mitschüler auf der Karte,
- arbeiten kooperativ mit dem Partner zusammen.

4.2.3. Erwartete Fertigkeiten und Kenntnisse *(Taxonomie nach Bloom 1956)*

Die Schülerinnen und Schüler

- benennen   Planquadrat und ausgewählte Kartenzeichen als Orientierungshilfe (Wissen),

---

[8] NKM(2008), S. 320

- ordnen wichtigen Kartenzeichen einen Bedeutungsgehalt zu (Wissen),
- bestimmen den Wohnort des Klassenlehrers mit Angabe des entsprechenden Planquadrats (Anwendung),
- erläutern die Bestimmung des Planquadrates anhand des Wohnortes des Klassenlehrers auf der Karte (Verständnis),
- orientieren sich unter Verwendung ihnen bekannter Kartenzeichen auf einem unbekannten Kartenausschnitt (Anwendung),
- bestimmen den Wohnort ihrer/s Mitschülerin/s möglichst präzise unter Angabe des entsprechenden Planquadrats (Anwendung),
- verorten den eigenen Wohnort auf der Karte an der Wandzeitung unter Berücksichtigung des angegebenen Planquadrates (Anwendung).

4.2.4. Langfristige individuelle Kompetenzen

B., M. und **St.** beteiligen sich aktiv durch mündliche Beiträge am Unterricht. **O.** und **M.** beginnen zielgerichtet mit dem Arbeitsauftrag und erhöhen ihr jeweiliges Arbeitstempo. **E., D.** und **M.** halten sich an Gesprächs- und Melderegeln. **S.** formuliert mündliche Beiträge zielgerichtet und präzise. **B.** formuliert vollständige Sätze bei der Beantwortung mündlicher Fragestellungen.

5. Kompetenzstrukturanalyse

Die Schüler vertiefen in der vorliegenden Stunde ihre Fähigkeiten und Fertigkeiten im Bereich *Erkenntnisgewinnung durch Methoden*, indem sie einer geografisch relevanten Informationsquelle (Karte) Informationen für die Lokalisation von Objekten (Wohnorte der Mitschülerinnen und Mitschüler) entnehmen[9]. Die Repräsentationsebenen umfassen die Bereiche *Wissen, Verständnis* und *Anwendung*. Der Lerngegenstand wird im Folgenden in fünf Kompetenzstufen gegliedert[10]:

Stufe 1: Die Schülerinnen kennen Planquadrat und Kartenzeichen als Möglichkeiten zur Orientierung auf Karten.

Stufe 2: Die Schülerinnen und Schüler ordnen ausgewählten Kartenzeichen den entsprechenden Bedeutungsgehalt zu. (vgl. 2.)

Stufe 3: Die Schülerinnen und Schüler zeigen die Bestimmung eines Planquadrates beispielhaft durch die präzise Lokalisation des Wohnortes des Klassenlehrers.

---

[9] NKM (2008), S. 315
[10] Die Stufen bauen nicht hierarchisch aufeinander auf.

Stufe 4: Die Schülerinnen und Schüler wenden ihr erworbenes Wissen zur Lokalisation des Wohnortes eines Mitschülers oder einer Mitschülerin auf einer den Schülern unbekannten Karte durch Bestimmung des entsprechenden Planquadrates an.

Stufe 5: Die Schülerinnen und Schüler bestimmen den eigenen Wohnort auf der Karte (Wandzeitung) unter Zuhilfenahme des von ihren Mitschülern benannten Planquadrats.

Name des Schülers/ der Schülerin	Erwartetes Kompetenzniveau	Konsequenzen für den Unterricht
O.	Stufe 2, 5	- Wiederholung der Orientierungshilfen (Planquadrat, Kartenzeichen) in Hinführungsphase *(Stufe 1)* - exemplarische Erläuterung zur Vorbereitung auf Partnerarbeit: SuS lokalisieren den genauen Wohnort des Klassenlehrers *(Stufe 3)* - O. erhält dominanten Lernpartner (E.) als Unterstützung, zügig mit Arbeitsauftrag zu beginnen; bei Bedarf zusätzliche Erläuterungen durch E. *(Stufe 4)* (vgl. 7)
M.	Stufe 2, 5	- Wiederholung der Orientierungshilfen (Planquadrat, Kartenzeichen) in Hinführungsphase *(Stufe 1)* - exemplarische Erläuterung zur Vorbereitung auf Partnerarbeit: SuS lokalisieren den genauen Wohnort des Klassenlehrers *(Stufe 3)* - M. erhält fachkompetente, selbstständige Partnerin (S.) im Sinne eines Helfersystems, um zeitnah mit dem Arbeitsauftrag zu beginnen; bei Bedarf zusätzliche Erläuterungen durch Partnerin *(Stufe 4)* (vgl. 7)
B.	Stufe 1, 5	- Wiederholung der Kartenzeichen in

		Hinführungsphase *(Stufe 2)* - B. wird mit einer fachlich kompetenten Partnerin (B.) im Sinne eines Helfersystems zusammenarbeiten *(Stufe 3 und 4)* (vgl. 7)
D.	Stufe 2, 4, 5	- Wiederholung der Orientierungshilfen (Planquadrat, Kartenzeichen) in Hinführungsphase *(Stufe 1)* - exemplarische Erläuterung im Hinblick auf Partnerarbeit: SuS lokalisieren den genauen Wohnort des Klassenlehrers *(Stufe 3)*
E.	Stufe 1, 2, 4	- Wiederholung der Orientierungshilfen (Planquadrat, Kartenzeichen) in Hinführungsphase *(Stufe 1)* - exemplarische Erläuterung im Hinblick auf Partnerarbeit: SuS lokalisieren den genauen Wohnort des Klassenlehrers *(Stufe 3)*
M.	Stufe 1, 3, 4	- M. wird seinem Partner (M.) während des gemeinsamen Arbeitsauftrages erläutern, wie man ein Planquadrat identifiziert *(Stufe 2)* - M. beschreibt seine Handlungsschritte *(Stufe 5)*
M.	Stufe 1, 2, 5	- exemplarische Erläuterung im Hinblick auf Partnerarbeit: SuS lokalisieren den genauen Wohnort des Klassenlehrers *(Stufe 3)* - fachkompetent, selbstständige Lernpartnerin →spricht sich mit seiner Partnerin über die Vorgehensweise in der Gruppenarbeit ab *(Stufe 4)* (vgl. 7)
S.	Stufe 1, 2, 5	- exemplarische Erläuterung im Hinblick auf Partnerarbeit: SuS lokalisieren den genauen Wohnort des Klassenlehrers → bei Bedarf wiederholende Erläuterung für ihren Lernpartner (M.) bei der Gruppenarbeit

		(Stufe 3) (vgl. 7) - übernimmt Helferrolle bei der Bestimmung der Wohnorte der Mitschüler/innen →zielbezogene Kommunikation/ strukturierte Formulierung mit ihrem Lernpartner *(Stufe 4)*
St.	Stufe 1, 2, 5	- St. wird aufgefordert in der Hinführungsphase die Vorgehensweise bei der Lokalisation von Objekten zu erläutern *(Stufe 3)* - gibt ihrem Partner (D.) Hilfestellung bei der Dekodierung von Kartenzeichen und Bestimmung von Planquadraten *(Stufe 4)*
B.	Stufe 2, 4, 5	- Wiederholung der Orientierungshilfen (Planquadrat, Kartenzeichen) in Hinführungsphase *(Stufe 1)* - B. erläutert als fachkompetente Lernpartnerin (für B.) bei Bedarf die Vorgehensweise bei der Bestimmung von Planquadraten *(Stufe 3)*

6. Didaktische Analyse

Die Schülerinnen und Schüler der Klasse 5a müssen sich seit Schuljahresbeginn in einem neuen sozialen Umfeld zurechtfinden. In dieser neuen Lebenssituation haben sie mehrere Berührungspunkte mit der Thematik „Karte", sei es durch Buslinienpläne oder Raumpläne innerhalb des Schulgebäudes. Die Schülerinnen und Schüler der Klasse 5a können nicht auf einen gemeinsamen Erfahrungsschatz bzgl. eines gemeinsamen Heimatraumes zurückgreifen. Die meisten Schülerinnen und Schüler der Klasse stammen aus einem für eine Förderschule typischen größeren Einzugsbereich. Die Thematik knüpft somit an die gegenwärtige Erfahrungswelt der Schülerinnen und Schüler an. *„Die Fähigkeit, Karten lesen zu können, ist eine Kulturtechnik. Die Vermittlung der Fähigkeit, Karten lesen zu können, ist eine originäre Aufgabe des Erdkundeunterrichts.* "[11] Das neue Unterrichtsfach „Erdkunde" hat demnach eine offensichtliche Bedeutung in ihrem Leben, weshalb eine verstärkte Motivation und ein persönliches Engagement zu erwarten ist.

---

[11] SCHALLHORN(2007), S. 99

7. Methodische Analyse

Entsprechend des Stundeninhalts bietet sich in dieser Unterrichtsstunde eine Trennung der beiden Klassen 5a und 5b an. Auf einer Wandzeitung wird der Wohnort der Schülerinnen und Schüler der Klasse festgehalten. Aus gruppendynamischen Gesichtspunkten stehen das Interesse für die jeweiligen Klassenkameraden und damit die Unterstützung der Klasse bei der Formierung zur Gemeinschaft durch die Erstellung eines gemeinsamen Arbeitsproduktes im Vordergrund. Die Wandzeitung wird im Klassenraum an einem festen Platz für längere Zeit ausgestellt. Damit steht sie auch für kommende Unterrichtsstunden ständig zur Verfügung. Die Karte liefert wichtige Informationen für Lehrkräfte und Schülerinnen und Schüler und kann weitere Anstöße für eine vertiefende Auseinandersetzung mit gegenwärtigen oder zukünftigen Situationen liefern.

Die Wohnorte der Mitschülerinnen und Mitschüler der eigenen Klasse werden in Partnerarbeit auf der Karte lokalisiert. Dafür werden je zwei Schülerinnen und Schüler in der *Erarbeitungsphase* die Aufgabe erhalten, den Wohnort zweier Mitschülerinnen und Mitschüler durch Anwendung der ihnen bekannten Kartenzeichen zu verorten und im Anschluss das entsprechende Planquadrat zu bestimmen. Die Einteilung der Schülerinnen und Schüler in Partner erfolgt unter Berücksichtigung des Sozialverhaltens, des Lern- und Leistungsvermögens und auch unter Berücksichtigung der verschiedenen Wohnorte.

Partner	eigene Heimatort	Zu lokalisierende Ort	Zur Verfügung gestellte Karte/n
E.	B.R.	B.L.	Stadtplan B.L.
O.	D. a.T.W.	(St., B.)	
S.	B.L.	D. a. T. W. (M.)	Stadtplan D. a. T. W.
M.	B.R.	H. (M.)	Stadtplan H.
B.	B.L.	D. a. T. W.	Stadtplan D. a. T. W.
B.	B.R.	(O., D.)	
St.	B.L.	B.R.	Stadtplan B.R.
D.	D. a. T. W.	(B., M.)	
M.	D. a. T. W.	B.R. (E.)	Stadtplan B.R.
M.	H.	B.L. (S.)	Stadtplan B.L.

Durch das gemeinsame Lösen der Aufgabenstellung auf und mit einer Karte, das gemeinsame Herstellen von Handlungsprodukten und durch eine gemeinsame Nutzung von Materialien lernen die Schüler sich mit ihrem Gegenüber rücksichtsvoll zu einigen. Bevor die Schülerinnen und Schüler mit ihren Partnerinnen und Partnern zusammenarbeiten, werden während des Sitzkreises Regeln für die Partnerarbeit von den Schülerinnen und Schülern wiederholt.

Das gegenseitige Bestimmen des Wohnortes erfolgt aufgrund zweier Aspekte: Zum einen interessieren sich die Schülerinnen und Schüler für ihr Gegenüber (s. o.), zum anderen suchen sie nicht den eigenen Wohnort, weil dies für eine gemeinsame Bearbeitung des Arbeitsauftrags mit einem Partner hinderlich wäre. Dominante Schüler könnten dazu tendieren, ihr eigenes Wohnumfeld auf der Karte zu erkunden oder die Hinweise zur präziseren Lokalisation zu vernachlässigen. Dem Bedürfnis, den eigenen Wohnort zu identifizieren, wird in der Phase der Ergebnissicherung Raum gegeben.

Angestrebt ist eine interaktive Partnerarbeit, bei der die Schülerinnen und Schüler *gleichzeitig* an der gestellten Aufgabe arbeiten: **D.** wird durch **St.** zu einer zielführenden Bearbeitung des Arbeitsauftrages angehalten. **S.** wird **M.** bei Bedarf Hilfestellungen geben. **B.** wird **B.** als fachkompetente Lernpartnerin zur Seite gestellt. Sie kann sich so nicht der gemeinsamen Arbeitsphase entziehen. **E.s** dominante Art wird **O.** zu einer zügigen Bearbeitung des Arbeitsauftrages anhalten. **E.** lernt sich mit seinem Gegenüber zu arrangieren, eventuelle Hilfen anzunehmen und im Team zu arbeiten (vgl. hierzu 5. „Konsequenzen für den Unterricht"). **M. und M.** arbeiten gleichermaßen aktiv am Arbeitsauftrag. **M.** muss sich mit **M.** über eine gemeinsame Vorgehensweise einigen.

Es ist entsprechend der oben aufgeführten Partnerzusammensetzung davon auszugehen, dass die Schülerinnen und Schüler durch die gemeinsame Bearbeitung eine höhere Aussicht auf Erfolg haben. Jedes Paar erhält ein Schälchen mit Hinweisen, die bei der genaueren Bestimmung des Wohnortes dienlich sein sollen. Diese Hinweise sind bei der Lokalisation zu berücksichtigen und dienen der Einübung der Bedeutungszuordnung einzelner Kartenzeichen. Während der Partnerarbeit werde ich den Schülerinnen und Schülern bei Bedarf unterstützend zur Seite stehen.

In der Ergebnissicherung können alle Ergebnisse der Partnerarbeit durch das gemeinsame Erstellen der Schautafel gewürdigt werden. Falls die Schülerinnen und Schüler bei der möglichst präzisen Bestimmung des Wohnortes ihrer Mitschülerinnen und Mitschüler während der Partnerarbeit Schwierigkeiten hatten, können diese selbst dabei helfen, den eigenen Wohnort möglichst genau zu bestimmen.

Literaturverzeichnis

Baireuther, P. (2000): Mathematikunterricht in Klasse 3 und 4. Donauwörth.

Engelhardt, W.; Glöckel, H.(1977): Zusammenstellung wichtiger Überlegungen und Maßnahmen zur Einführung ins Kartenverständnis. IN: Engelhardt, W.; Glöckel, H.: Wege zur Karte. Studientexte zur Grundschuldidaktik. Regensburg. S. 160-173.

(NKM) Niedersächsisches Kultusministerium (Hrsg.) (2008): Materialien für einen kompetenzorientierten Unterricht. Förderschule Lernen. Hannover: Unidruck. 359-382.

(NKM) Niedersächsisches Kultusministerium (Hrsg.) (2006): Kerncurriculum für die Hauptschule Jahrgänge 5-10. Erdkunde. Hannover: Unidruck.

Mayer, M. (1977): Einführung in das Kartenverständnis- aber wie?. IN: Engelhardt, W.; Glöckel, H.: Wege zur Karte. Studientexte zur Grundschuldidaktik. Regensburg. S. 32- 44.

Rinschede, G.(2005^2): Geographiedidaktik. Paderborn.

Schallhorn, E.(2007): Erdkundemethodik. Handbuch für die Sekundarstufe I und II. Berlin. S. 97-101

Will, C. (1977): Die Einführung in das Kartenverständnis. IN: Engelhardt, W.; Glöckel, H.: Wege zur Karte. Studientexte zur Grundschuldidaktik. Regensburg. S. 32-44.

Phase	Geplanter Verlauf	Medien/ Material	Sozial- und Arbeitsform	Meth.- Did. Kommentar
Begrüßung	- SuS setzen sich an die für sie vorgesehenen Plätze in den Stuhlkreis - LA begrüßt die SuS und stellt den Besuch vor - S gibt anhand des Stundenverlaufsplans einen Überblick über die Stunde	Stundenverlaufsplan an Tafel Symbole: PA/GA, Sitzkreis	Plenum, Sitzkreis	- Transparenz über Stundeninhalt, -verlauf und Sozialformen
Einstieg	- SuS nennen den Ort, der auf der Karte abgebildet ist - LA erklärt, dass das die Karte vom Heimatort des Klassenlehrers ist - LA präsentiert Bild vom Klassenlehrer und nebenstehende Sprechblase zu den Angaben der Adresse - LA wirft die Frage auf, wie die SuS den genauen Wohnort lokalisieren können - SuS nennen Kartenzeichen als Hilfsmittel, um sich auf Karten zurechtzufinden - SuS nennen ausgewählte Kartenzeichen und ordnen ihnen den Bedeutungsgehalt zu - SuS suchen die entsprechende Straße auf dem Stadtplan - LA gibt weitere Hinweise zur Orientierung durch Benennung von Kartenzeichen, die der Präzisierung des Standortes dienen - SuS orientieren sich an Kartenzeichen und verorten die Adresse möglichst präzise - LA fordert einen S auf, zu erläutern, wie man die Lage des Ortes präzise angeben kann - S nennen Planquadrate als Möglichkeit der präzisen Bestimmung	Folie mit Karte von Hagen a. T. W. Tafel	Plenum, Stuhlkreis vor Tafel und OHP	- Informierender Einstieg - Karte des Heimatortes des Klassenlehrers (Hagen a. T. W.) → MOTIVATION - auf Unterrichtsstörungen wird im Sinne der Trainingsraummethode reagiert

	- S erläutert an der Karte, wie man ein Planquadrat bestimmt - LA präsentiert die Wandzeitung und erläutert Stundenziel - LA erklärt den Arbeitsauftrag für die Stunde und erläutert das Arbeitsmaterial - LA gibt eine klare Zeitvorgabe			
Erarbeitung	- SuS setzen sich mit ihrem Partner an den vorgesehenen Arbeitsplatz - SuS beginnen zielgerichtet mit dem Arbeitsauftrag - SuS nutzen bei Bedarf die Hinweise(Tipps) zur präzisen Lokalisation des Wohnortes - SuS kennzeichnen den Wohnort mit farbigen Klebepunkten und notieren das entsprechende Planquadrat - LA übernimmt ggf. beratende Funktion - Partner, die nicht fertig geworden sind, nehmen ihre Hinweise mit in den Sitzkreis → gemeinsame Bearbeitung im Plenum - *Did. Reserve:* Partner, die bereits fertig sind, verorten Objekte auf der Karte unter Angabe des Planquadrates (Öffentliche Gebäude, Grünflächen, …)	Schülerfotos mit Adressangaben Schälchen mit Hinweisen 1-2 Karten ausgewählter Ortschaften je nach Arbeitsgruppe Klebepunkte	PA/ Partnerarbeits-plätze	- an Arbeitsplätzen liegen die vorbereiteten Materialien aus - SuS die bereits fertig sind erhalten Übungen zur Bestimmung von Planquadraten
Ergebnis-sicherung	- SuS finden sich im Sitzkreis zusammen - LA erläutert Vorgehensweise während der Ergebnissicherung - jeder S nennt ein Planquadrat eines in Partnerarbeit lokalisierten Wohnortes eines	Vorbereitete Wandzeitung mit Karte der Ortschaften B.L., B.R., H., D. a. T. W. im Maßstab 1: 20 000 Bindfaden, Fotos der SuS	Plenum/ Stuhlkreis vor Tafel	

-	Mitschülers - jeder S darf sein Foto mittels eines Bindfadens mit dem genannten Planquadrat verbinden - ggf. geben die SuS selbst zusätzliche Lokalisationshilfen (Kartenzeichen) - SuS würdigen das Arbeitsprodukt und suchen einen Platz im Klassenraum für die längerfristige Ausstellung		
Abschluss	- LA verabschiedet die SuS		Plenum